BEI GRIN MACHT SICH IHR WISSEN BEZAHLT

- Wir veröffentlichen Ihre Hausarbeit, Bachelor- und Masterarbeit

- Ihr eigenes eBook und Buch - weltweit in allen wichtigen Shops

- Verdienen Sie an jedem Verkauf

Jetzt bei www.GRIN.com hochladen und kostenlos publizieren

Christin Pinnecke

Der Norden und die „Troubles". Der Bürgerkrieg in Nordirland und die Ausmaße in Belfast

GRIN Verlag

Bibliografische Information der Deutschen Nationalbibliothek:

Die Deutsche Bibliothek verzeichnet diese Publikation in der Deutschen National-
bibliografie; detaillierte bibliografische Daten sind im Internet über http://dnb.d-
nb.de/ abrufbar.

Dieses Werk sowie alle darin enthaltenen einzelnen Beiträge und Abbildungen
sind urheberrechtlich geschützt. Jede Verwertung, die nicht ausdrücklich vom
Urheberrechtsschutz zugelassen ist, bedarf der vorherigen Zustimmung des Verla-
ges. Das gilt insbesondere für Vervielfältigungen, Bearbeitungen, Übersetzungen,
Mikroverfilmungen, Auswertungen durch Datenbanken und für die Einspeicherung
und Verarbeitung in elektronische Systeme. Alle Rechte, auch die des auszugsweisen
Nachdrucks, der fotomechanischen Wiedergabe (einschließlich Mikrokopie) sowie
der Auswertung durch Datenbanken oder ähnliche Einrichtungen, vorbehalten.

Impressum:

Copyright © 2014 GRIN Verlag, Open Publishing GmbH
Druck und Bindung: Books on Demand GmbH, Norderstedt Germany
ISBN: 978-3-668-01295-0

Dieses Buch bei GRIN:

http://www.grin.com/de/e-book/302191/der-norden-und-die-troubles-der-buerger-
krieg-in-nordirland-und-die-ausmasse

GRIN - Your knowledge has value

Der GRIN Verlag publiziert seit 1998 wissenschaftliche Arbeiten von Studenten, Hochschullehrern und anderen Akademikern als eBook und gedrucktes Buch. Die Verlagswebsite www.grin.com ist die ideale Plattform zur Veröffentlichung von Hausarbeiten, Abschlussarbeiten, wissenschaftlichen Aufsätzen, Dissertationen und Fachbüchern.

Besuchen Sie uns im Internet:

http://www.grin.com/

http://www.facebook.com/grincom

http://www.twitter.com/grin_com

Geographisches Institut der

Justus-Liebig-Universität Gießen

Der Norden und die „Troubles"
-
Bürgerkrieg in Nordirland und die Ausmaße in Belfast

Hausarbeit vorgelegt von

Christin Pinnecke

Gießen, 25. Mai 2014

Inhaltsangabe

Einleitung

Im Sommersemester 2014 absolviere ich die Große Exkursion in meinem Studienfach Geographie. Das Ziel dieser Exkursion sind die Britischen Inseln. Der erste Teil wird in Nordirland und der zweite Teil in Nordengland stattfinden. Im Zuge dessen findet dementsprechend eine starke Auseinandersetzung mit den vielen Aspekten von Großbritannien statt. Ein Aspekt ist natürlich die Historie des Landes. Dazu gehört selbstverständlich der Bürgerkrieg in Nordirland, auch bekannt als Nordirlandkonflikt oder den „Troubles". In meiner Hausarbeit werde ich jedoch auf den Begriff „Troubles" verzichten, weil er von den Betroffenen als euphemistische Bezeichnung aufgefasst wird (ARP 2007:143). Bereits in meiner Freizeit beschäftigte ich mich mit dem Nordirlandkonflikt. Um die Jahrtausendwende sah ich mir den Film „Vertrauter Feind" mit Harrison Ford und Brad Pitt an. Ausgelöst durch diesen Film wurde ich auf die Irisch Republikanische Armee (I.R.A.) aufmerksam und neugierig, und las viel über diesen Bürgerkrieg, der in unserer Nähe in Europa jahrzehntelang blutig tobte. Der Konflikt scheint so verworren und ist im höchsten Maße komplex und vielschichtig, dass eine oberflächliche Beschäftigung kaum ausreicht, um die komplette Tragweite zu verstehen.

Aus diesem Grund werde ich zu Beginn einen kurzen geographischen Überblick über der Republik Irland, Nordirland und der Stadt Belfast geben. Im zweiten Abschnitt werde ich den historischen Ablauf genauer skizzieren. Anschließend betrachte ich die politischen, sozialen und ökonomischen Aspekte genauer und versuche die Wirkungsmechanismen heraus zu arbeiten. Danach berichte ich über die aktuelle Situation in Nordirland und Belfast. Im Fazit werde ich die behandelten Punkte zusammenfassen und im Hinblick auf unseren Aufenthalt in Nordirland argumentativ reflektieren.

Geografischer Überblick

Die Republik Irland ist ein Inselstaat auf der gleichnamigen Insel. Im Norden der Insel befindet sich Nordirland und demnach das Vereinigte Königreich. Die östliche Grenze ist die Irische See. Im Westen grenzt die Republik Irland an den atlantischen Ozean und im Süden an die Keltische See. Die Hauptstadt Dublin befindet sich im Osten des Landes.

Abb. 1: Karte von Irland und Nordirland

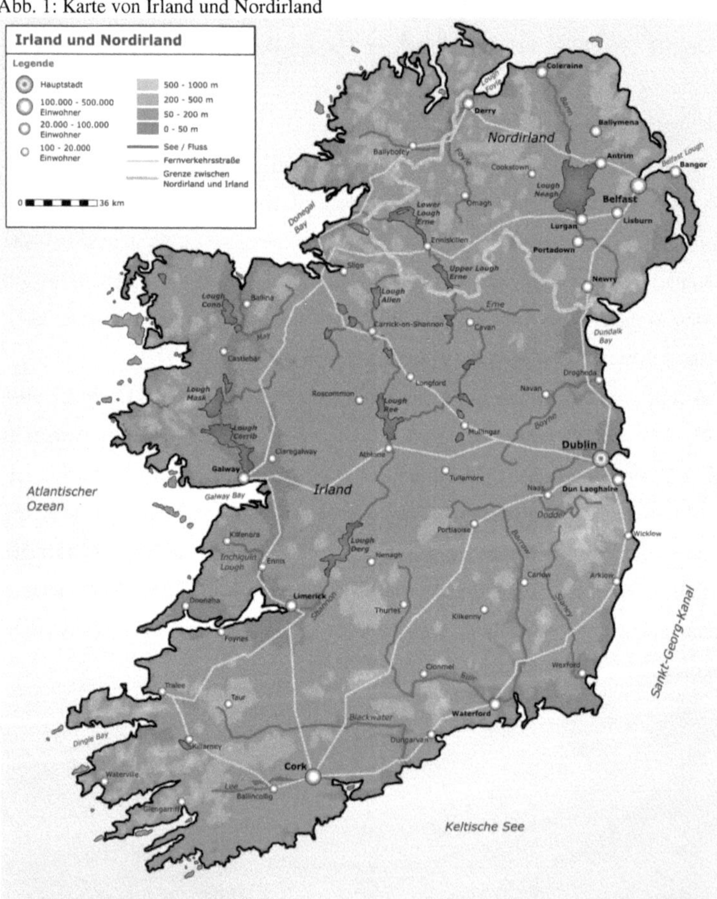

Quelle: Roger Zenner (2004)

Der amtliche Namen ist Irland, beziehungsweise Ireland. Die Iren selbst bezeichnen ihr Land als Éire.[1] Zur Unterscheidung von Nordirland wird oft der Name Republik Irland gewählt. Laut der letzten Volkszählung im Jahr 2011 hat das Land circa 4,5 Millionen Einwohner (CONSTITUTION OF IRELAND 1937). Der Großteil der Bevölkerung ist römisch-katholischen Glaubens (CENTRAL STATISTIC OFFICE OF IRELAND 2013). Irland ist derzeit in 34 Countys aufgeteilt. Die bekannteste Region ist die Provinz Ulster im Nordosten der irischen Insel, die mittlerweile zwischen Nordirland und der Republik Irland aufgeteilt ist.

Abb. 2: Politische Gliederung Irlands

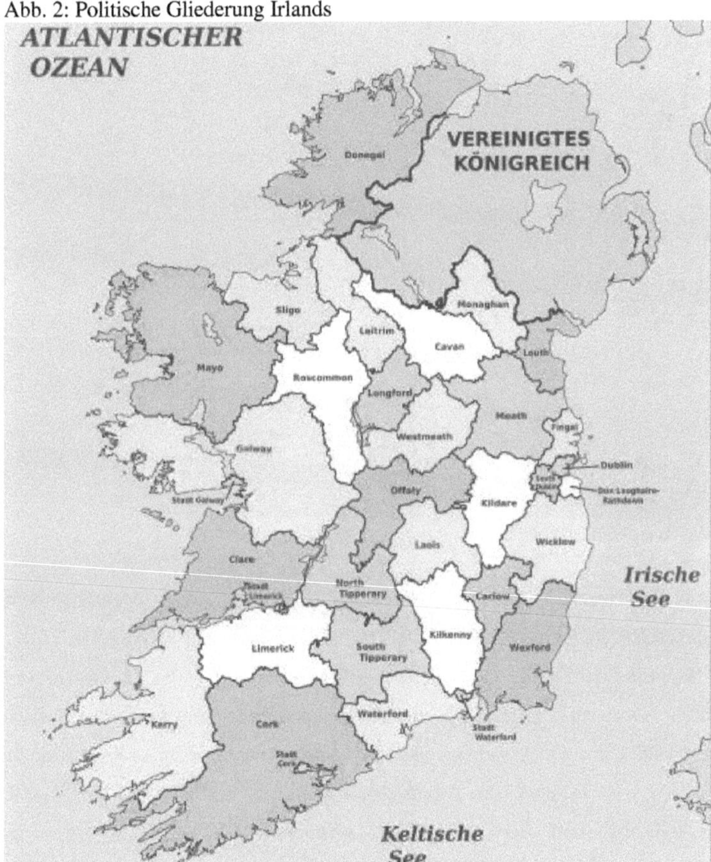

Quelle: TUBS (2012)

Nordirland befindet sich im nördlichen Teil der irischen Insel und grenzt im Süden und Westen an die Republik Irland, im Norden an den Nordatlantischen Ozean und im Osten an die Irische See. Nordirland gehört zum Vereinigten Königreich und besteht aus sechs der neun Grafschaften der historischen irischen Provinz Ulster.

Abb. 1: Karte Nordirlands

Quelle: U.S. Central Intelligence Agency (1987)

Es gibt insgesamt 26 Districts, in denen circa 1,8 Millionen Menschen leben (NORTHERN IRELAND NEIGHBOURHOOD INFORMATION SERVICE 2012). Die Hauptstadt ist Belfast und befindet sich im Osten des Landes. Im Gegensatz zu Irland ist Nordirland dichter bevölkert. Die Religionszugehörigkeit ist differenzierter als in Irland. Circa 41,6 % der Bevölkerung gehören protestantischen Kirchen an und circa 40,8 % gehören der Römisch-Katholischen Kirche an (NORTHERN IRELAND NEIGHBOURHOOD INFORMATION SERVICE 2012).

Abb. 4: Politische Karte Nordirland

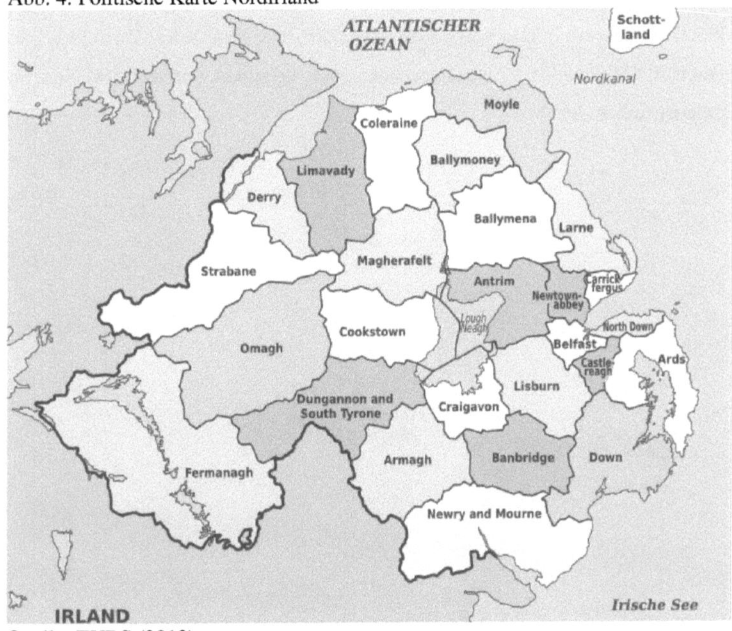

Quelle: TUBS (2012)

Die Hauptstadt Belfast war seit jeher ein Austragungsort der Konflikte. Dies formte das Stadtbild ungemein. Aus diesem Grund ist Belfast ein klassisches Beispiel für städtische Segregation. Unter Segregation wird die räumliche Konzentrierung von Bevölkerungsgruppen in einem Gebiet verstanden (GÜßEFELDT 2002:23). In der Abbildung 5 ist eine Stadtkarte von Belfast zu sehen. Auf der die einzelnen Stadtbezirke unterschiedlich farbig markiert sind. Die rötlich und blau markierten Stadtteile werden von der katholischen Bevölkerung bewohnt. Die gelbe und grüne Markierung kennzeichnet die Wohngebiete der protestantischen Bevölkerung. Man kann eine sehr stark sektorale Ordnung erkennen. Das Gebiet der katholischen Bevölkerung erstreckt sich vom Stadtzentrum bis an die Stadtgrenze im Südwesten. Umschlossen werden diese Bezirke von den Wohngebieten der Protestanten, wobei diese sich eher im Osten der Stadt konzentrieren. Im Westen der Stadt werden die Wohngebiete zwischen den Katholiken und den Protestanten besonders scharf mit Hilfe von Mauer voneinander getrennt. Diese wurden als rote Linien dargestellt. Die Mauern werden als „Peace Lines" bezeichnet und sind mittlerweile eine dauerhafte

Konstruktion vergleichbar mit der Berliner Mauer (GÜßEFELDT 2002:31). Anfänglich wurden diese „Friedenlinien" nur als temporäre Zwischenlösung angesehen. Mittlerweile ist sie jedoch dauerhaft installiert und aus dem Stadtbild nicht mehr wegzudenken.

Abb. 5: Stadtkarte Belfast

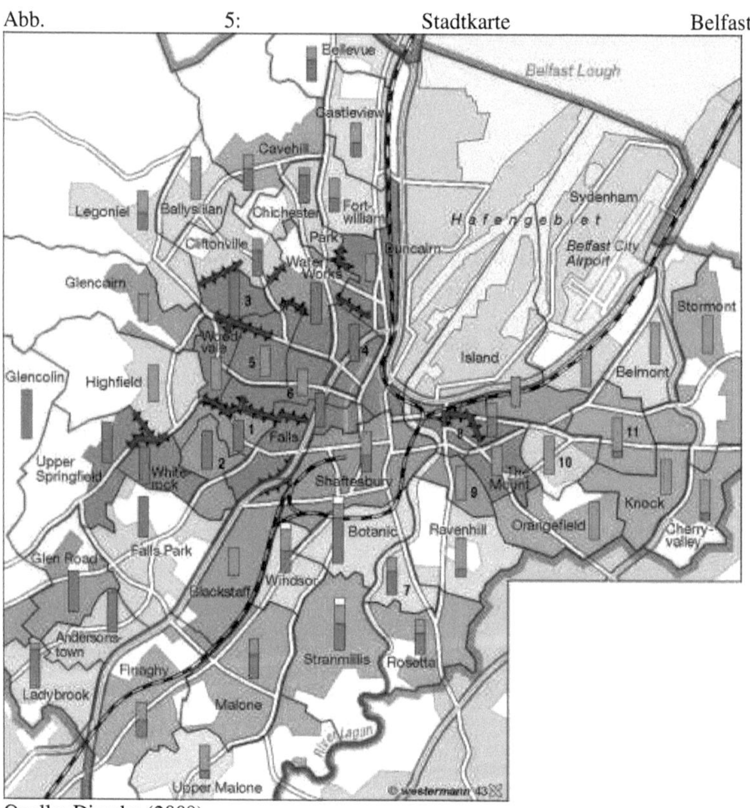

Quelle: Diercke (2009)

Historischer Überblick

Die Konflikte zwischen den Parteien sind so alt wie die Geschichte von Irland selbst. Bereits ab dem 11. Jahrhundert begann der Konflikt mit der Eroberung Irlands durch die Engländer. Besonders stark ausgeprägt war die „Plantation of Ulster". Darunter wird die systematische Ansiedlung durch die protestantischen Engländer und die systematische Verdrängung der katholisch-irischen Bevölkerung verstanden (STADLER 1979:7-8). Die irische Bevölkerung wurde zugunsten der neuen Siedler enteignet. Auch Aufstände konnten dieses Unrecht nicht beheben, sodass die Katholiken unter anderem mit den „Penal Laws" 1595 immer weiter entrechtet wurden (STADLER 1979:14). 1801 wurde mit dem Unionsgesetz, „Act of Union", die komplette Eingliederung Irlands in das Vereinigte Königreich durchgeführt (STADLER 1979:23). Im 19. Jahrhundert erstarkte in Europa der Nationalismus. So auch in Irland, in dem sich nationalistische Gruppen bildeten, die sich für die politische Autonomie der Insel einsetzten. Gerade die protestantische Bevölkerung in der Provinz Ulster wehrte sich massiv gegen diese Bestrebungen. Diese Bemühungen wurden jedoch gewaltsam niedergeschlagen, so dass die Partei Sinn Féin und die Irisch-Republikanische-Armee durch die Empörung einen starken Zulauf verzeichneten (STADLER 1979:32-37). 1919 rief die Sinn Féin nach den Unterhauswahlen die unabhängige irische Republik aus und konstituierten das erste irische Parlament seit 1801 (STADLER 1979:45-46). Das britische Parlament erkannte die Republik natürlich nicht an, was dann zum irischen Unabhängigkeitskrieg von 1919 bis 1921 führte. Ende 1921 wurde der anglo-irische Vertrag, der schlussendlich zur Teilung der Insel in Nordirland und der Republik Irland führte, unterzeichnet (STADLER 1979:49-50). Die Teilung sollte nur vorübergehend sein bis eine endgültige Lösung gefunden wurde. Aus diesem Grund gab es politische und militärische Versuche Nordirland endgültig und dauerhaft entweder in die Republik oder in das Vereinigte Königreich einzugliedern (STADLER 1979:50-53).

Die protestantische Bevölkerung in Nordirland hatte die Sorge in die Republik Irland einverleibt zu werden und versuchte jede Versuche im Keim zu ersticken. Dazu gehörten auch drakonische Strafen gegen sämtliche nationalistischen Bemühungen. Die Diskriminierung der katholischen Bevölkerung, die den Anschluss von Nordirland an die Republik Irland wünschte, nahm dementsprechend zu, was die

Kluft zwischen Parteien noch verstärkte (STADLER 1979:54-57). Mit dem „Ireland Act" im Jahr 1949 sicherte Großbritannien Nordirland den Verbleib im Vereinigten Königreich zu. Es gründeten sich viele Organisationen, die gegeneinander kämpften, Bombenanschläge durchführten und auch rabiat gegen Zivilisten vorgingen. Der Nordirische Bürgerkrieg begann und hielt bis in das 20. Jahrtausend mehrere Jahrzehnte an (ARP 2007: 143). Die Gewalt eskaliert zu einem blutigen Krieg. Aufgrund dessen, dass es viele Gewalttaten gab, werde ich nicht alle aufzählen.

Ich werde lediglich auf den „Bloody Sunday" und den „Bloody Friday" genauer eingehen. Am Sonntag, den 30. Januar 1972, fand in Derry der „Bloody Sunday" statt. An diesem Tag fand eine friedliche Demonstration für Katholiken gegen die systematische Diskriminierung statt. Es gab unbewaffnete, vorwiegend jugendliche, Demonstranten, die mit Steinen auf die Sicherheitskräfte warfen und Parolen skandierten. Die britische Regierung hatte zur Wahrung der öffentlichen Ordnung Fallschirmjäger nach Derry gesandt (DLER 1991:30). Als Antwort und Vergeltung fand am 21. Juli 1972 der „Bloody Friday" statt. An diesem Tag führte die IRA 22 Bombenanschläge in Belfast durch (GÜßEFELDT 2002:21). Der Bürgerkrieg in Nordirland befand sich demnach in einer Gewaltspirale (ARP 2007:143). Diese endete erst Anfang der 90er Jahre jedoch mit Unterbrechungen, nachdem Friedensverhandlungen aufgenommen wurden. Diese mündeten nach zähen Verhandlungen im Karfreitagsabkommen 1998. In diesem Abkommen verzichtete die Republik Irland auf den Norden, die paramilitären Organisationen sollten sich selbst entwaffnen und den Krieg beenden, was jedoch nicht von allen anerkannt wurde (ARP 2007:143). Auch die Bildung einer gemeinsamen Regierung von nationalistischen und unionistischen Parteien wurde beschlossen und von der großen Mehrheit der Bevölkerung befürwortet. Jedoch ist anzumerken, dass der katholische Teil mit 96% dafür und lediglich 55% der Protestanten dafür stimmten. Die Regierungsbildung ist aber sehr schwer und öfters musste London die Verwaltung von Nordirland übernehmen (ARP 2007:143).

Aspekte

Der Nordirlandkonflikt ist ein extrem vielschichtiger Konflikt, in dem mehrere Faktoren und Gruppen eine Rolle spielten. Einen kurzen Abriss zu zeichnen, scheint nicht möglich. Aus diesem Grund müssen die verschiedenen Faktoren beziehungsweise Aspekte unterteilt und getrennt voneinander betrachtet werden. Ich habe für mich drei Aspekte aufgeteilt, da sie für mich jeweils eine andere Dimension haben.

Gruppen

Es sind, beziehungsweise waren, mehrere Gruppen in dem Konflikt involviert. Auf der irisch-nationalen Seite stand die IRA, die bekannteste paramilitärische Organisation. Sie splittete sich in die „Provisional Irish Republican Army" (PIRA) und der „Official Irish Republican Army" (OIRA) auf. Es gab noch weitere Splittergruppen, die sich von der PIRA oder OIRA lösten (KRUSE 1993:85). Der politische Arm der IRA ist die Partei Sinn Féin, die heute im Parlament vertreten ist (KRUSE 1993:82-83). Auf der Unionistisch-loyalistischen Seite stehen die „Ulster Unionist Party" (UUP), die wichtigste Partei. Sie ist für einen Konsens mit der nationalistischen Seite. Dem ablehnend steht die „Democratic Unionist Party" (DUP) gegenüber, die als radikale Gruppe lange das Karfreitagsabkommen nicht unterstützte (KRUSE 1993:81-82). Es gab auch paramilitärische Organisationen, wie zum Beispiel die „Ulster Defence Association" (UDA) und „Ulster Volunteer Force" (UVF), die als Pendent zur IRA angesehen werden können (KRUSE 1993:84-85). Eine weitere wichtige Gruppe waren die Sicherheitskräfte. Sie sollten zwar als neutrale Kraft agieren. Jedoch waren es fast ausschließlich unionistische Kräfte, die das nationalistische Lager als Feind ansahen und dementsprechend behandelten. Hinzu kam die Form ihres Eingreifens, der als „Dirty War" bezeichnet wird. Denn gerade die „Police Service of Northern Irland" (PSNI) und das „Ulster Defence Regiment" (UDR) verübten illegale Tötungen und Verhaftungen. Des Weiteren war sie bekannt für ihr besonders rabiates Vorgehen und Folterungen. Im Stevens-Report von 2003 wurden den Sicherheitskräften und dem britischen Militär ihr Vorgehen als „Dirty War" vorgeworfen und bescheinigt (STEVEN ENQUIRY 2003).

Politische Aspekte

Unter Betrachtung der historischen Gegebenheiten ist leicht zu erkennen, dass der politische Aspekt der Status von Nordirland war. Denn die meisten protestantischen Unionisten/Loyalisten wollen weiterhin Teil des britischen Königreichs sein und wollen dies mit Hilfe von politischen Mitteln erreichen (LIFTENEGGER 2013:11). Die Loyalisten hingegen wollen dieses Ziel mit militärischer Gewalt erreichen. Dies bedeutet, dass sie auch vor Gewalt nicht zurück schrecken. Aus diesem Grund wird der Terminus „loyalistisch" immer in Verbindung mit den paramilitärischen Organisationen in Verbindung gebracht (LIFTENEGGER 2013:11-12). Ihnen gegenüber stehen die katholischen Nationalisten, die Nordirland losgelöst von Großbritannien und vereinigt mit der Republik Irland wollen. Auch da muss wieder zwischen den Nationalisten und den Republikanern unterschieden werden. Die Nationalisten wollen dieses Ziel mit politischen Mitteln und ohne Gewalt erreichen (LIFTENEGGER 2013:12). Die Republikaner hingegen sehen unter anderem Gewalt als legitimes Mittel zur Zielerreichung an. Jedoch bezieht sich der Begriff nicht nur auf paramilitärische Organisation, sondern auch auf politische Gruppierungen, wie die Sinn Féin (LIFTENEGGER 2013:12). Das Problem, um das sich alles dreht, ist demnach die Zugehörigkeit Nordirlands. Seit dem Karfreitagsabkommen ist Nordirland ein fester Bestandteil von Großbritannien. Irland hat auf seine Gebietsansprüche verzichtet. Nun liegt der Fokus auf der Verwaltung des Landes mit den verschiedenen Bevölkerungsgruppen. Der militante Kampf ist beendet, auch wenn es aktuell immer noch Zusammenstöße zwischen Republikanern und Loyalisten gibt.

Soziale Aspekte

Der bekannteste Aspekt des Konfliktes ist der soziale Aspekt. Gerade im Bezug auf die Konfessionen. Hinzu kommt die lange Geschichte der Diskriminierung. Die Unionisten/Loyalisten sind entweder Einwanderer aus Großbritannien oder haben britische Wurzeln. Sie machen circa 63% der Bevölkerung Nordirlands aus und sind mit überwiegender Mehrheit Protestanten (HERMLE 1979:91). Dabei muss jedoch genauer unterschieden werden, da die protestantische Gemeinde sich in verschiedene Richtungen unterteilt. Der Großteil der protestantischen Bevölkerung ist mit 47,5% Presbyterianer. Danach folgen mit 40% die Anhänger der Anglikanischen Kirche, gefolgt mit 7% von den Methodisten. Der Rest teilt sich in mehreren kleineren Glaubensgemeinschaften auf (HERMLE 1979:91). Dem gegenüber steht die katholische Bevölkerung, die in Nordirland circa 35% ausmacht (HERMLE 1979:94). Sie gehören klassischerweise dem Lager der Nationalisten beziehungsweise dem Lager der Republikaner an.

Die Konsolidierung einer Religion an sich ist kein Auslöser der Konflikte, sondern die Behandlung der eingeborenen Katholiken durch die eingewanderten Protestanten. Seit der Einwanderung kam es immer mehr zur Enteignung und Entmachtung der ursprünglich katholischen Bevölkerung (HERMLE 1979:162-163). Die eingewanderten Protestanten wurden von der britischen Regierung besonders bei der Vergabe von Stellungen, Macht und Gütern bedacht. Die Katholiken hingegen wurden durch Gesetze extrem diskriminiert und enteignet. So wurde ab 1920 eine Änderung des Wahlrechts vorgenommen, in der das britische Mehrheitswahlrecht eingeführt wurde. Hinzu kam eine starke Bindung an den Besitz, so dass die zumeist ärmeren Katholiken kaum Möglichkeiten zum wählen hatten (HERMLE 1979:152-157). Des Weiteren wurde die soziale Kluft durch die hohen Arbeitslosenzahlen seitens der Katholiken, weiter voran getrieben. Im Jahr 1981 standen 12,4% protestantischen Arbeitslosen 30,2% katholische Arbeitslose gegenüber (SCHULZE-MARMELING/ SOTSCHEK 1991:257). Hinzu kam die schlechtere Bezahlung der katholischen Arbeiter. Als Begründung kann angegeben werden, dass die Unionisten "das Geschäftsleben und die Arbeitswelt überproportional kontrollierten" und somit die Chancen für Katholiken entsprechend verringerten (HERMLE 1979:162). Dies bedeutet für diese Armut und aufgrund von negativer Bildungsaspiration einen verringerten Zugang an weiterführenden Bildungsmöglichkeiten. Dies hatte wiederum zur Folge, dass Katholiken eine schlechtere Ausbildung bekamen und so am ehesten als (un-)gelernte Arbeitskräfte angestellt wurden (HERMLE 1979:162). Der Teufelskreis ist hierbei leicht zu erkennen. Die Unionisten handelten nicht oder sahen dabei überhaupt ein Problem. Die Frustration der katholischen Bevölkerung steigerte sich, bis sie schlussendlich in Wut umschlug.

Ökonomische Aspekte

Nach der Verteilung der Themen für die Exkursion las ich mehrere Bücher und stieß auf einen Aspekt, der in meiner vorherigen Beschäftigung mit dem

Nordirlandkonflikt keinerlei Beachtung erfuhr. Den Aspekt der Ökonomie. In einem Report wurde die Frage gestellt, inwiefern die Ökonomie mit dem Frieden in Verbindung steht (HAIDVOGEL 2009:6-8). Es gibt zwei verschiedene Ansätze. Einerseits wird gefragt, inwiefern der Frieden die Ökonomie fördert und anderseits, ob die Ökonomie den Frieden festigt.

Für die erste These sprechen die Punkte der Kosten. Denn der Konflikt verursachte enorme Kosten in der Wirtschaft. Einerseits durch zerstörte Gebäude und Industrieanlagen. Andererseits durch die enormen Sicherheitsausgaben. Hinzu kommt das negative Image bei potenziellen Investoren, die durch den Konflikt abgeschreckt werden (HAIDVOGEL 2009:8-9). Wenn der Frieden konsolidiert wird, kann das Geld für die Sicherheit anderweitig eingesetzt werden und Investoren können Standorte ausbauen, die wiederrum Arbeitsplätze schaffen. Ein weiterer Vorteil ist der Ausbau des Tourismus.

Argumente für die zweite These sind vor allem die Zufriedenheit und der Wohlstand. Denn wenn, die Wirtschaft sich positiv entwickelt, nehmen die Arbeitslosenzahl ab und die Menschen können mit dem Lohn sich individuelle Möglichkeitsräume und damit eine Hoffnung auf eine bessere Zukunft schaffen (HAIDVOGEL 2009:19). Dies würde die Folge haben, dass die Motivation Gewalt auszuüben geringer ist, da eine Zufriedenheit geschaffen wird. Denn die Angst durch Gewalt das Erreichte zu verlieren ist höher, als wenn man nichts besitzt (HAIDVOGEL 2009:19). Dies funktioniert jedoch nur, wenn nicht nur die protestantische Bevölkerung vom Aufschwung profitiert, sondern auch die katholische Bevölkerung.

Schlussendlich kann man sagen, dass beide Thesen vertretbar und schlüssig begründet werden können. Jedoch ist die erste Annahme die stärkere, da nur durch einen Wirtschaftsaufschwung kein Frieden folgt. Er begünstigt ihn und steht in einer starken Wechselbeziehung. Doch als alleiniger Antrieb genügt er nicht. Voraussetzung ist nach wie vor der Frieden (HAIDVOGEL 2009:26-29).

Aktuelle Situation

Trotz des Karfreitagsabkommen ist die Situation in Nordirland immer noch unstet. Die Regierungsbildung kommt nur sehr schleppend voran, da besonders die „Ulster Unionist Party" sich weigerte mit der „Sinn Féin" im Parlament zu sitzen. Die stärkste Partei ist jedoch die radikale „Democratic Unionist Party", die eine sehr kompromisslose Haltung gegenüber der Sinn Féin an den Tag legt. Dennoch versuchen alle Parteien gemeinsam Kompromisse zu finden (MOLTMANN 2013:22-23). Des Weiteren haben die größten und wichtigsten paramilitärischen Organisationen der gewaltsamen Kampf abgeschworen und sich entweder entwaffnet oder ihre Waffen unzugänglich zu deponieren (MOLTMANN 2013:24-25).

Die Gesellschaft ist dennoch weiterhin gespalten. Die sogenannten „Peace Walls" sind angestiegen und tragen weiterhin zur Segregation der Bevölkerungsschichten bei. Auch das Schulwesen ist nach wie vor streng konfessionell und der Aufbau von integrierten Schulen wird konsequent abgelehnt. Zwar sind die Arbeitslosenzahlen gesunken, doch die Jugendarbeitslosigkeit ist immer noch recht hoch, so dass auch hier die Sorge vor Unzufriedenheit und Gewaltpotenzial groß ist (MOLTMANN 2013:25-26). Hinzu kommt die nicht aufgearbeitete Vergangenheit und das Gefühl der nicht gesühnten Ungerechtigkeit für eine andauernde Verstimmung.

Die Wirtschaft gehört als Teil von Großbritannien jedoch mit zu den stärksten Wirtschaften in Westeuropa. Aber auch hier besteht noch ein erheblicher Modernisierungsbedarf, da seitens der Europäischen Union gerade der Agrarsektor und die Strukturentwicklung erhebliche finanzielle Unterstützung bekommt (MOLTMANN 2013:22).

Gewaltakte sind zwar immer noch vorhanden. Doch die Anzahl und das Ausmaß haben stark abgenommen. Bei Demonstrationen sind eher Ausschreitungen mit Verletzten und Toten zu verzeichnen. Gerade bei den Jüngeren ist das Gewaltpotenzial vorhanden, da sie kein Vertrauen gegenüber der Politik haben und eine Lösung der Probleme nur mit Gewalt sehen (MOLTMANN 2013:25).

Fazit

Die Geschichte Nordirlands war, ist und wird auch in Zukunft noch turbulent zugehen. Positiv ist jedoch die Abkehr von der Gewalt und die Bereitschaft mit friedlichen Lösungen bestehende Probleme zu lösen.

Erschreckend ist für mich auch heute noch die für westliche Verhältnisse enorme Diskriminierung von Bevölkerungsschichten. In meinem Weltverständnis ist es nicht zu erklären inwiefern eine Konfession so ausschlaggebend für den weiteren Lebensweg sein kann. Auch die Gewaltbereitschaft von sämtlichen Gruppen (Protestanten, Katholiken und den Sicherheitskräften) erschreckt mich jedes Mal aufs Neue. Es ist für mich nicht vorstellbar, dass in meiner unmittelbaren Lebenswelt sich ein jahrzehntelanger Bürgerkrieg abspielte, der so vielen unschuldigen Menschen das Leben kostete. Auch gerade in Bezug auf das aktuelle politische Geschehen macht mich die Reaktion der restlichen europäischen Mächte fassungslos. In einer Zeit, in der ganz schnell in ein Land einmarschiert wird oder sich alle möglichen Regierungen in Konflikte einmischen, verstehe ich die Untätigkeit ebendieser Mächte nicht. Es bleibt nur zu hoffen, dass die Nordiren sich irgendwann als Menschen und nicht mehr nur als Katholiken oder Protestanten sehen und gemeinsam friedlich für ein starkes Nordirland arbeiten. Des Weiteren habe ich durch diese Hausarbeit ein viel tiefergehendes Verständnis für den Nordirlandkonflikt bekommen, der mich heute bestimmte Situationen anders betrachten lässt. So war ich bis dato immer sehr anglophil, doch muss ich gestehen, dass die Rolle von Großbritannien in diesem Konflikt sehr unrühmlich war.

Gerade in Bezug auf die Exkursion im September bin ich sehr gespannt auf Belfast. Ich möchte unbedingt die „Peace Walls" sehen und mir ein Bild von der dortigen Segregation machen. Denn mir sind vor allem Bilder mit Häusern, die bemalt sind bekannt. Diese Bilder zeigen neben den „Peace Walls" in welchem Viertel man sich befindet. Gleichermaßen scheint Belfast ungeachtet der Gewaltakte eine wunderschöne Stadt zu sein, die man unbedingt erleben sollte.

Quellenverzeichnis

Literaturverzeichnis

ARP, S. (2007): Vom Bauernstaat zum keltischen Tiger. IN: Geo Special Irland. Nr. 2 April/Mai 2007.

GÜßEFELD, J. (2002): Die räumliche Dimension des nordirischen Konflikts in Belfast. Göttinger Geographische Abhandlungen 109. Verlag Erich Goltze GmbH

HAIDVOGL, A. (2009): 40 Jahre danach... Frieden und Ökonomie in Nordirland. HSFK-Report Nr. 5/2009. Frankfurt am Main.

HERMLE, R. (1979): Der Konflikt in Nordiraland. Ursachen, Ausbruch und Entwicklung. Verlag Kaiser Grünewald. München, Mainz.

KRUSE, C. (1993): Der Nordirlandkonflikt im Focus journalistischer Schemata. Eine Analyse der Berichterstattung ausländischer Tageszeitungen unterschiedlicher Distanz. LIT Verlag. München.

KÜBLER, B. (1991): Der Nordirlandkonflikt: Keine Chance für den Frieden) Voraussetzungen für eine politische Lösung. Tuduv-Verlagsgesellschaft mbH. München.

LIFTENEGGER, M. (2013): Murals und Paraden. Gedächtnis- und Erinnerungskultur in Nordirland. LIT Verlag. Wien.

MOLTMANN, B. (2013): Ein verquerer Frieden. Nordirland fünfzehn Jahre nach dem Belfast-Abkommen von 1998. HSFK-Report Nr. 5/2013. Frankfurt am Main.

SCHULZE-MARMELING, D. und SOTSCHECK, R. (1991): Der lange Krieg. Macht und Menschen in Nordirland. Verlag Die Werkstatt. Göttingen.

STADLER, K. (1979): Nordirland. Analyse eines Bürgerkrieges. Wilhelm Fink Verlag. München.

Internetquellenverzeichnis

CENTRAL STATISTIC OF IRELAND (2006): http://beyond2020.cso.ie/Census/TableViewer/tableView.aspx?ReportId=74644 (aufgerufen am 24.05.2014)

CENTRAL STATISTIC OF IRELAND (2013): Popuation 1901-2011: http://www.cso.ie/Quicktables/GetQuickTables.aspx?FileName=CNA13.asp&Table Name=Population+1901+-+2011&StatisticalProduct=DB_CN (aufgerufen am 24.05.2014)

CONSTITUTION OF IRELAND (1937): Artikel 4 – The name oft he State is Éire, or, in the English language, Ireland.: http://www.constitution.org/cons/ireland/constitution_ireland-en.pdf (aufgerufen am 24.05.2014)

NORTHERN IRELAND NEIGHBOURHOOD INFORMATION SERVICE (2012): http://www.ninis2.nisra.gov.uk/public/pivotgrid.aspx?dataSetVars=ds-3593-lh-37-yn-2005-2012-sk-74-sn-Population-yearfilter-- (aufgerufen am 24.05.2014)

NORTHERN IRELAND NEIGHBOURHOOD INFORMATION SERVICE (2012): http://www.ninis2.nisra.gov.uk/public/InteractiveMapTheme.aspx?themeNumber=13 6&themeName=Census%202011 (aufgerufen am 24.05.2014)

STEVEN ENQUIRY 3 (2003): http://cryptome.org/stevens-3.htm (aufgerufen am 25.05.2014)

Bildquellenverzeichnis

Abb. 1: Landkarte Irland und Nordirland (2004): Roger Zenner: http://de.wikipedia.org/wiki/Datei:Irland_karte.png (aufgerufen am 24.05.2014)

Abb. 2: Politische Karte Irlands (2012): TUBS: http://de.wikipedia.org/wiki/Datei:Ireland,_administrative_divisions_-_de_-_colored.svg (aufgerufen am 24.05.2014)

Abb. 3: Karte Nordirland (1987): U.S. Central Intelligence Agency http://commons.wikimedia.org/wiki/File:NImap-CIA.jpg (aufgerufen am 24.05.2014)

Abb. 4: Politische Karte Nordirland (2012): TUBS: http://commons.wikimedia.org/wiki/File:Northern_Ireland,_administrative_divisions_-_de_-_colored.svg (aufgerufen am 24.05.2014)

Abb. 5: Stadtkarte Belfast (2009): Diercke. Weltatlas. Westermann Verlag. S. 111.